AF252697

10
1880

DE
L'ACTION NERVEUSE

RÉSUMÉ THÉORIQUE

(3ᵐᵉ ET DERNIÈRE ÉTUDE)

PAR

LE Dʳ RAMES,

ANCIEN INTERNE DES HÔPITAUX DE PARIS,
MEMBRE CORRESPONDANT DE LA SOCIÉTÉ MÉDICALE DES HÔPITAUX DE PARIS,
MÉDECIN EN CHEF DE L'HOSPICE D'AURILLAC

PARIS

G. MASSON, LIBRAIRE DE L'ACADÉMIE DE MÉDECINE

120, Boulevard Saint-Germain, en face de l'École de Médecine

1880

AURILLAC, IMP. H. GENTET.

DE L'ACTION NERVEUSE

(3e ET DERNIÈRE ÉTUDE)

Le tissu nerveux, en tant qu'individualité anatomique, est le dernier à apparaître dans l'animalité ; son système se surajoute aux autres ; comme disposition d'appareil, on lui trouve un réseau périphérique et des centres ; son mode de fonctionnement est de percevoir au moyen de l'extrémité externe de son réseau les actions de la vie organique ainsi que celles du milieu ambiant, de transmettre les impressions perçues de centre en centre, de les rendre ainsi l'objet de combinaisons de plus en plus complexes, de dégager enfin de cet ensemble nerveux la résultante qui fait que toute économie vivante a une direction.

Delà, comme déduction, à un point de vue général, l'influx nerveux, au lieu de prendre sa source dans l'axe cérébro-spinal, émerge au contraire de la partie périphérique de l'organisme, et par l'intermédiaire des cordons nerveux, se dirige vers les centres ; au point de vue spécial de notre économie, tenant compte de l'œuvre intellectuelle, l'influx nerveux venu de l'infini par la pensée humaine rayonne de nouveau vers l'infini.

Cette interprétation de l'action nerveuse est celle qui

nous paraît se déduire rationnellement des matériaux scientifiques fournis par les maîtres.

Le programme ainsi tracé, demandons à la théorie de la transformation des forces de nous en fournir l'expression physiologique. Et d'abord quelles sont les conditions fondamentales d'une existence?

Principe de vie. — Toute économie vivante, de même que tout état de maison se résume en ces deux termes : doit et avoir. Autrement dit, la nature animée est comparable à un travailleur qui ne saurait s'utiliser qu'à la condition d'avoir une matière première qu'il lui faut approprier suivant le but utile. Ici, il est vrai, l'ouvrier s'identifie à l'œuvre; on le perd dans ses moyens d'action. N'importe, à chacune des opérations de la nature animée, ces deux éléments, dépense et capital, se retrouvent, et leur coexistence peut toujours être constatée.

Pour en retrouver l'application, choisissons d'abord un de ces états de la matière vivante où les forces de la nature sont encore à l'état virtuel, commençons par le germe.

Tout à fait au bas de l'échelle animale, l'ovulation consiste en la fusion de deux cellules : l'une mâle venue d'entre les cellules épidermiques, ayant partant le rôle d'excitant, de sujet de dépense; l'autre femelle, détachée du milieu des cellules épithéliales de l'intestin, représentation, elle, du côté plastique, du capital.

Evidemment le lieu de leur origine dénote le génie qui les anime. Voudrait-on en douter, ce qui suit l'établirait au besoin.

Un organisme réduit à sa plus simple expression consiste en deux membranes, tégument interne, tégument externe, l'une qui absorbe de la matière organique, l'autre qui apporte une cause d'excitation, l'action de l'oxygène.

Citons en témoignage les hydres et les expériences du professeur LAURENT à leur sujet.

Au début, la sphère d'action étant très limitée, les deux feuillets primitifs suffisent seuls à leur tâche; plus tard, le champ de manœuvre prenant plus d'extension, un auxiliaire s'ajoute, l'élément sanguin. Sur ce nouveau terrain, les mêmes indications se continuant, deux courants sanguins s'y utilisent : l'un artériel ou révolutionnaire; l'autre veineux ou modérateur et d'apport plastique.

Les rapports de la mère et du fœtus prouvent bien que l'irrigation sanguine n'agit que d'une façon médiate.

Pénètre-t-on dans les profondeurs d'un organisme, l'analogie fait penser qu'il y existe bien des conditions similaires à celles ci-dessus. Ainsi, par exemple, les cellules spéciales paraissent avoir le rôle actif vis à vis du réseau cellulaire plasmatique qui, comme son nom l'indique, semble préposé à l'avoir.

On le voit donc, un excitant vital est à la fois occasion de dépense et principe de vie; à son initiative comme à sa coopération est due l'évolution physiologique qui transforme une matière organique en matière organisée, qui vaut à cette dernière, pour une période transitoire il est vrai, cet état d'animation qui est la caractéristique des tissus vivants.

Origine de mouvement. — Nous venons de reconnaître les deux influences qui président à une organisation. Recherche-t-on dans son origine le mouvement dont elles deviennent l'occasion, on n'a qu'à s'adresser au même ordre de faits pour que le mode initial nous en soit révélé.

La chaleur étant la première cause appréciable d'excitation, de la dilatation doit se produire ; une portion de ce calorique se transformant en travail plastique, un retrait suit. De là des alternances de mouvement d'expansion et de resserrement qui, s'identifiant aux tissus, fournissent au jeu des fonctions.

De telle sorte que si on vient à rapprocher les deux points de vue qui précèdent, on arrive à ceci, qu'excitation et dilatation, qu'organisation et retrait sont des faits corrélatifs indiquant, les premiers la préparation à une œuvre tendant à la vie, les seconds cette œuvre elle-même.

Voyons si les phénomènes qui se produisent dans le domaine du grand sympathique vont venir à l'appui de cette manière de voir.

Comme fond commun, mais déjà doué d'animation, on trouve l'élément cellulaire ; or, cet élément peut être considéré comme obéissant au principe de mouvement que nous venons de dire. Pénétrées à leur intérieur d'un foyer d'excitation, les cellules se dilatent d'abord, se rétractent ensuite, se divisent ainsi, ainsi se multiplient.

Parmi les différentes modifications qu'elles sont appelées à subir, il en est une qui rend certaines d'entre elles aptes à emmagasiner du mouvement et à le dégager sous l'influence d'une excitation venue du dehors comme par l'effet d'une détente.

Pareille transformation laisse presque deviner l'action combinée qui en résulte. Que deux cellules se juxtaposent, l'une ayant cette aptitude de percevoir une impression et de la transmettre à la seconde, cette dernière ayant celle d'y répondre en dégageant du mouvement ; qu'une troisième restée libre vienne jouer le rôle réservé à toute détente et, suivant que le jeu s'effectuera d'une façon éventuelle ou par un rhythme régulier, on aura ou la contraction accidentelle d'un conduit excréteur, ou bien les pulsations isochrones des canaux destinés à l'irrigation sanguine.

Si on observe, en effet, au sujet de cette irrigation, que le point de départ du cours du sang est dans le réseau artériel ou oxygéné (ordre de vaisseaux qui justifie jusques à un certain point l'idée des anciens qui en faisaient des conduits aériens), que la première contraction s'opère sur des canaux déjà dilatés par un liquide imprégné d'éléments de combustible, que dans les organismes d'ordre élevé, cette contraction est comme l'initiation à un travail d'organisation se généralisant, on se sent autorisé à reconnaître là, réalisé avec cette perfection que la nature apporte dans tous ses actes, le mode de mouvement que nous avons déjà dit : chaleur, dilatation ; organisation, retrait.

Action nerveuse. — Les instruments premiers de la vie ainsi appréciés et dans leur essence et dans leur jeu, à quel élément nouveau demander une gradation dans les fonctions vitales ? A l'élément nerveux. Et tout d'abord, le cadre s'étant élargi, une première indication se présente : centraliser, coordonner les actions vitales ; au système nerveux d'y pourvoir.

Pour mieux nous initier au rôle qu'il est appelé à jouer, restons toujours sur le terrain de la vie de nutrition, ramenons le problème à un état des plus rudimentaires, supposons trois cellules en présence et à distance les unes des autres. Deux d'elles sont connues. Nous désignerons la première sous le nom de cellule de sensibilité, mais dans notre esprit cette expression représentera et l'intervention de l'agent excitateur, et une occasion de dépense et la production de phénomènes de dilatation. De même la seconde sera la cellule de mouvement, mais à cette dénomination répondront et l'avoir et le travail d'organisation et le mouvement de retrait. De ces deux premières cellules partent des moyens d'union qui les relient à la troisième, à la cellule nerveuse.

Le terrain ainsi déterminé, voyons l'action se faire.

Si on excite la cellule sensible, la cellule de mouvement se contracte, on a des phénomènes d'excito-motricité. Si on excite la cellule mouvement, une contraction sur place se produit sans irradiation aucune.

On pourrait supposer que dans le premier cas l'élément sensible a été retrouver l'élément mouvement en traversant l'élément nerveux. Les faits suivants ne permettent pas de l'admettre. Le chemin tracé, autrement dit la cellule mouvement ayant répondu à l'appel de la première, si on vient à exciter la cellule nerveuse, les mêmes phénomènes d'excito-motricité reparaîtront. Preuve, ce nous semble, que cette dernière participe à la fois des deux éléments sensibilité et mouvement, puisqu'elle en reproduit les effets, présomption à peu près certaine que sur son terrain s'est opérée une combinaison qui, empruntant aux deux premières entités physiologiques, en a constitué une troisième qui est l'équivalent des deux premières.

Cette équivalence même se continue en remontant vers les centres de l'axe spino-cérébral, car toute une série de cellules nerveuses autres que la première, mais correspondant avec elle, pourront à leur tour devenir cause, par l'effet d'une émotion appropriée de la réapparition des mêmes phénomènes d'excito-motricité.

Maintenant, que l'on remplace les mots sensibilité et mouvement par ceux de dépense et d'avoir, et l'on arrive à ceci, que toute cellule nerveuse du système nerveux organique résume en elle l'expression de l'échange moléculaire auquel est dû le travail d'organisation. Ce travail résultant du concours de deux influences, on comprend encore que cette même cellule revête le génie de l'influence qui aura prédominé, qu'il y en est partant qui représentent l'excitation, d'autres la plasticité.

Qu'à l'idée cellule nerveuse que nous avons émise comme point de départ et pour simplifier, on fasse à cette heure insensiblement succéder la notion d'appareils de plus en plus complexes et on rentrera dans ce qui est, et il sera facile de constater que parmi les appareils qui s'utilisent aux fonctions d'une économie vivante, la même distinction peut être établie, que comme aptitude physiologique, il en est qui obéissent plus spécialement, soit à l'indication de dépense, soit à celle de l'avoir. Ajouter que l'action de ces appareils se répercute dans une série de ganglions nerveux en communication les uns avec les autres, et par ceux-ci dans un cordon nerveux qui peut en être considéré comme la résultante, c'est être ramené au système du grand sympathique et du pneumo-gastrique. Or, si les considérations que nous venons d'émettre sont dans le vrai, ces deux collecteurs nerveux, par les réactions dont ils seront cause, se montreront les continuateurs des appareils qui leur ont donné naissance et dénoteront un même génie. Voyons ce qu'il en est.

Vie organique ; grand sympathique.—L'excitation par un courant d'induction d'un des filets du grand sympathique est cause d'un retrait dans les tissus qui correspondent à son extrémité externe.

— Ce filet nerveux est-il excisé, l'excitation du bout supérieur du tronçon périphérique reproduit les mêmes phénomènes.

— L'excision de ce même filet non suivie d'excitation occasionne au contraire une dilatation des vaisseaux de ces mêmes régions et une élévation de leur température.

Tels sont les faits. Les commentaires qui en découlent nous paraissent pouvoir être dits ainsi.

La première expérience, au point de vue de la fonction du nerf, laisse toute question indécise, les effets de l'excitation pouvant à la rigueur se surajouter à une action venue des centres nerveux et se confondre avec elle.

La seconde, en mettant les centres nerveux hors cause, rend à la zône périphérique la responsabilité des modifications survenues. Un tronçon nerveux existe, il est vrai, mais un nerf ne crée rien et n'a d'autre mission que de servir de moyen de correspondance entre deux centres d'activité. Le tronçon ici survivant, séquestré qu'il est d'un côté, ne peut subir d'impression que du côté où il est relié. Une excitation électrique peut bien activer ses fonctions, mais rien ne prouve qu'elle puisse ni les remplacer, ni changer la direction du courant de transmission. En voyant la zône périphérique traduire son émotion par la synergie de tous les éléments anatomiques qui entrent dans sa composition, on est donc fondé à penser qu'elle subvient par là à une occasion de dépense exagérée se faisant au lieu d'application du courant, l'influx qui a présidé aux combinaisons organiques se transformant avec excès, mais sans but, en influx nerveux et utilisant ainsi la plus grande partie du calorique resté à l'état libre.

La troisième expérience peut même être donnée en contre-épreuve. Ici, en effet, un travail inverse s'établit. Le nerf, déchu de ses fonctions, resté sans influence, n'agit plus sur le milieu qui lui a donné naissance; la part de calorique qu'il aurait dû transformer reste libre et devient cause d'une augmentation de température.

Ce surcroît de calorique ne saurait être attribué à un afflux plus considérable de sang tenant à une dilatation des vaisseaux, laquelle serait due à une paralysie de leurs parois ; il suffit, en effet, de réfléchir que des vaisseaux qui ont pour eux l'impulsion cardiaque, la contractilité et l'élasticité artérielle, débitent plus que ceux auxquels il manque la contractilité. D'un autre côté, considérer cet augment comme étant dû à une stagnation du sang, ne devient rationnel qu'à la condition d'admettre que le sang a perdu de sa vitalité et laisse beaucoup plus de calorique à l'état de liberté, ce qui est rentrer dans notre interprétation.

Disons-le donc, les fonctions du grand sympathique commencent où finissent les conflits organiques, et son rôle est de transmettre aux centres nerveux l'état du résultat obtenu.

Pneumo-gastrique. — Nous ne saurions, à propos du pneumo-gastrique, rentrer dans des commentaires qui ressortent de ceux que nous venons d'énoncer. Aussi nous bornerons-nous à dire à son sujet que l'excitation dé ce nerf, faite dans des conditions analogues à celles ci-dessus, produit des phénomènes absolument inverses, donne lieu à un mouvement de dilatation et cela pour les cavités cardiaques, pour les cellules pulmonaires, manifestation plastique tout à fait favorable à l'oxygénation, car elle facilite l'accès de l'air extérieur et son action sur le sang ; que l'excision d'un des cordons pneumo-gastriques est cause que l'être ainsi mutilé passe du rang d'un animal à sang chaud à celui d'un animal à sang froid, résultat tout à fait en faveur de cette idée, que le nerf a une action centripète : vitalité réduite de moitié, en concordance avec des centres nerveux organiques n'ayant plus qu'une demi-conscience.

Que conclure de ce qui précède? Que l'on est autorisé à considérer, ainsi que nous l'avons dit, les deux nerfs grand sympathique et pneumo-gastrique comme les collecteurs des actions qui leur sont afférentes, comme les continuateurs des appareils qu'ils ont charge de mettre en communication avec l'axe spino - cérébral, le grand sympathique correspondant à la phase de plasticité, le pneumo-gastrique à celle de l'excitation.

Une remarque doit être faite. L'organisation est due à une opération en deux temps, lesquels s'unifient dans ce but. L'action nerveuse qui fait suite à ces deux moments ne se fond pas, elle, aussi complètement dans une résultante unique. Obéissant à la tendance vers un apogée de fonctions qui domine dans toute économie vivante, le pneumo-gastrique se dédouble dans son rôle et par la part supérieure intellectualise en quelque sorte l'excitation, la met à la disposition des centres encéphaliques, la subordonne à la volonté.

Vie de relation; réseau périphérique. — Nous venons de reconnaître la vie organique, et cette notion nous est acquise, qu'elle a sous sa domination tous les appareils d'une économie vivante. Cette conséquence en découle que le système nerveux de la vie de relation ne s'en sépare qu'au point de vue de son fonctionnement. Ce fonctionnement lui-même, similaire en tout au système nerveux de la vie de nutrition, ne s'en distingue que par une accentuation plus nette, par une élévation de fonctions, parce qu'il est une occasion de dépense plus considérable. Ainsi, ébranlement nerveux éventuel dû à une émotion du dehors, détente par contre-coup d'appareils montés à l'avance, combinaison des deux influx sur un centre nerveux se traduisant par un effet plastique restant comme modification imprimée au lieu de jonction, correspondance s'établissant tout le long de l'axe spino-cérébral, tels sont, en effet, les divers éléments qui, parties constitutives pour un résultat, l'obtiennent sur le terrain de la sensibilité générale. Sur celui de la sensibilté spéciale, au contingent nerveux venu de la vie organique, à celui représentant la sensibilité générale s'en superpose un troisième, le contingent nerveux des sens spéciaux. Ici l'apport périphérique est parfaitement saisissable, mais le substratum animé sur lequel doit s'exercer son action pour faire œuvre utile est encore à déterminer.

Centres nerveux. — En face de pareils *desiderata*, force est de nous arrêter et de clore ici ce que nous avons à dire sur le réseau périphérique des nerfs. Ajoutons que les considérations précédentes font pressentir et la disposition anatomique et le rôle des centres nerveux. Ces centres, en effet, n'étant que le point de conjonction des différents affluents nerveux, on comprend qu'ils se présentent, et la science l'a démontré, sous forme de foyers, de noyaux cellulaires se superposant, se reliant et finissant par constituer ainsi ce que l'on a appelé l'arbre nerveux. On devine même que l'aménagement central soit symétrique de l'aménagement périphérique, et par le fait au centre de l'axe spinal se trouvent échelonnés les points de conjonction des apports de la vie organique ; tout contre et englobant les premiers, s'étagent ceux où vient se refléter l'action des appareils de la sensibilité générale, et celle aussi de leurs complémentaires obligés, les appareils de mouvement. Ces deux catégories de centres constituent même le système médullaire, le limitant au-dessous de l'entrecroisement des pyramides, établissant ce que l'on pourrait appeler le domaine de l'automatisme inconscient.

Plus haut, dans le milieu encéphalique, des dispositions analogues se retrouvent, mais leur état complexe fait qu'on en est encore à de vagues indications.

Quant à leur action physiologique, en raison de leur solidarité, elle va devenant plus compliquée à mesure que l'on s'élève et finit par fournir aux circonvolutions cérébrales où se constituent les centres de direction.

Vue pathologique. — Resterait à exposer le point de vue pathologique. Qu'il nous suffise d'observer que les deux phases d'excitation et de retrait rappellent le *laxum* et le *strictum* des anciens, qu'à une excitation en trop, qu'à un travail d'organisation en moins vient répondre la trilogie de chaleur, gonflement et douleur, aussi la turgescence de la fièvre, qu'un retour à l'état normal est

suivi, au contraire, d'une défervescence caractéristique
du retour à l'équilibre normal des forces en jeu.

Conclusion.— Récapitulant enfin l'ensemble des données contenues dans ce travail, les résumant dans une
comparaison qui, d'effets complexes, nous ramène aux
éléments primordiaux, nous dirons : de même que dans
un corps social la vie nutritive, cette base indispensable,
résulte du travail des artisans, une certaine vie intellectuelle de celui des carrières libérales, un ordre plus élevé
de connaissance des découvertes scientifiques, des con-
ceptions artistiques, des principes de morale et que
l'ensemble de ces apports constitue le génie d'une
nation comme la prééminence de l'un d'entre eux peut
arriver à lui imprimer un caractère tout particulier ; de
même, des contingents nerveux qui prennent leur origine dans le fond commun d'une économie humaine,
l'un, venu des laboratoires de la vie de nutrition, apporte
l'état des échanges organiques et constitue la base de
soutien, un autre, dû à un ordre plus élevé de fonctions,
rend compte de certaines actions du milieu, un troisième, venu des sens spéciaux, aux impressions déjà
acquises en ajoute de plus précises. Un consensus
d'essence ignorée s'établissant entre ces différents apports permet aux facultés intellectuelles d'entrer en jeu
et d'imposer à l'organisme humain la direction du mo-
ment. Ajoutons aussi que par la prépondérance de l'un
des affluents nerveux le travail de l'intelligence pourra
accuser plus spécialement certaine tendance.

Or, accepter ce rapprochement et les données qui en
découlent, c'est admettre que l'action nerveuse obéit à
une impulsion première de nature inconnue, qu'elle a

comme direction un déterminisme organique, que tout cordon nerveux sensitif ou moteur a le rôle de collecteur, que tout centre nerveux existe surtout à l'état de répertoire, que ceux-ci se hiérarchisent en raison de leur impressionnabilité, qu'une corrélation existe entre la partie périphérique d'une économie vivante et son système nerveux, que tout devient plus complexe à mesure que l'on gagne les sommets où s'exerce l'intelli-telligence, que cette dernière s'impressionne d'abord, combine ensuite, et peut finir par créer.

Disons-le, comprendre ainsi notre action nerveuse c'est justifier la destinée qui lui est réservée, c'est la mettre en harmonie avec les résultats féconds qui en émanent, c'est l'élever à son rang et n'y pas voir la chose d'un appareil à régime à peu près toujours le même, où le jeu de la circulation aurait seul le privilège d'apporter quelques modifications.

AURILLAC, IMP. H. GENTET, RUE MARCHANDE.

www.ingramcontent.com/pod-product-compliance
Lightning Source LLC
LaVergne TN
LVHW051149060726

842526LV00006B/2290